U0187964

家庭应急常备物品指南

张　浩　著

中国财富出版社有限公司

图书在版编目（CIP）数据

家庭应急常备物品指南 / 张浩著 . —北京：中国财富出版社有限公司，
2021.12

ISBN 978-7-5047-7585-6

Ⅰ . ①家… Ⅱ . ①张… Ⅲ . ①家庭生活—基本知识 Ⅳ . ① TS976

中国版本图书馆 CIP 数据核字（2021）第 230526 号

策划编辑	孙 勃		**责任编辑**	孙 勃		
责任印制	梁 凡		**责任校对**	张莹莹	**责任发行**	杨恩磊

出版发行 中国财富出版社有限公司

社　址	北京市丰台区南四环西路 188 号 5 区 20 楼	**邮政编码** 100070
电　话	010-52227588 转 2098（发行部）	010-52227588 转 321（总编室）
	010-52227566（24 小时读者服务）	010-52227588 转 305（质检部）
网　址	http://www.cfpress.com.cn	排　版 宝蕾元
经　销	新华书店	印　刷 宝蕾元仁浩（天津）印刷有限公司
书　号	ISBN 978-7-5047-7585-6/TS · 0115	
开　本	787mm×1092mm　1/32	版　次 2022 年 1 月第 1 版
印　张	2.875	印　次 2022 年 1 月第 1 次印刷
字　数	55 千字	定　价 38.00 元

商务部印发的《关于做好今冬明春蔬菜等生活必需品市场保供稳价工作的通知》鼓励家庭根据需要储存一定数量的生活必需品满足日常生活和突发情况的需要。江苏、湖南、北京、上海等地区相继推出应急物品储备清单，引起了民众的强烈反响，部分地区的市场上出现了一定程度的抢购潮，应急救援包、人防战备应急包等相关物品成为了消费者近期重点关注的物品。相较于国外，我国家庭应急物品的储备意识比较薄弱。一旦遭遇灾害或是突发情况，完善的家庭应急物品储备，可以提高家庭成员个体遇灾时的生存机率及保障能力。家庭应急物品储备体系的完备对整个国家应急物资的储备能力有着重大的影响。应急物品储备不仅是政府和企业需要关注的事情，更需要以家庭为单位的社会群体的积极参与。

本书旨在针对近年来由于全国范围内自然灾害增多，部分地区出现应急物品供应紧张的情况，指导家庭成员有针对性地储备应急物品。特别是在疫情不断反复的大环境下，部分地区临时封控，应急物品储备不足会对家庭生活造成不便。结合《国家综合防灾减灾规划（2021—2025）》，在充分调研、借鉴商务部及各地的应对措施的基础上，本书将家庭应急常备物品分为食品和水、个人用品、常备药品、医疗急救用品、逃生救助工具、重要文件资料、财务资料、车内应急常备物品八个大类，细分为二十一个小类，具有较强的适用性和普及性。

我们期望以图文并茂的形式呈现关键性内容，并以此来提高社会公众防灾减灾意识，帮助社会公众认识到储备家庭应急常备物品的重要性，强化应急管理意识，建立起家庭应急防范习惯，当灾害或紧急情况发生时，大家可以在第一时间开展有效的自救和互救，减少损失、降低伤害，为后期进一步的救援行动做好准备。

即使大家根据本书内容储备了相应的物品，也需要定期检查这些物品的使用期限，并根据情况随时更新，切实提升个人的安全避险意识和技能。在此我们提醒大家，尽管应急物品在紧急时刻能起关键作用，但也无须恐慌性抢购和过度囤积，大家可根据本指南的内容提示，按需储备。

目 录

1 食品和水

1.1 食品类

 主要包括

√ 米、面

√ 压缩饼干

√ 方便面

√ 巧克力

√ 罐头

原因

由于自然灾害、公共卫生突发事件的爆发，导致居民活动受限，市场无法正常开放，食品无法在短期内正常供应，甚至人们的基本生活需求都有可能无法得到保障。在这种情况下，家中常备适量的食品是十分有必要的。这些食品因具有耐储存、食用方便、热量高等特点，能够满足绝大多数人在紧急情况下的能量需求，是各种突发情境下的必备应急物品。

功能

　　米、面富含碳水化合物，是日常生活中人体获取能量的主要来源。压缩饼干是由小麦粉、糖、油脂、乳制品等加工而成的一种方便食品，具有体积小、密度大、耐储存、热量高且饱腹感强等特点。方便面属于日常生活中比较常见的一种速食食品，能够为人体补充一定量的蛋白质、脂肪、维生素、碳水化合物等，口味丰富、易于存放、方便食用。巧克力属于高热量食物，必要时可以迅速补充体能，抵抗饥饿。罐头的种类较多，肉类、鱼类、蔬菜类、水果类等一应俱全，可以避免因食物种类单一造成的营养缺乏。

储存要点

　　● 选用保质期长的食品，放置在家中阴凉干燥的地方，并定期检查食品的保质期，及时更换。

● 不要储存太咸或者需要用大量水处理的食物，咸的食物会让人感到口渴，并造成快速脱水。

● 尽量选择不依赖开罐器的罐头类食品，如果罐头内附带餐具则更好。

● 米、面开封后最好密封保存，或者保存在有盖的容器里，防止发生受潮、虫蛀、霉变等现象。

1.2 特殊人群食品

 主要包括

√ 婴儿奶粉

√ 儿童特殊食品

√ 老年人特殊食品

原因

　　婴幼儿时期是人体生长发育，特别是骨骼生长发育的重要阶段，需要及时摄入微量元素等，而普通食品中所提供的能量有余，但缺乏营养。婴儿奶粉、果泥、营养饼干、鱼油、钙片等食品在婴幼儿的生长发育过程中发挥着重要作用。因此，对于有婴幼儿的家庭来说，需要在家中常备这些食品。老年人大多有慢性疾病，如在紧急情况发生时不能够及时就医，很可能对老年人的身体造成较大的危害，因此需要针对老年人的身体状况储备特殊食品。

 功能

　　常见的婴幼儿辅助食品有婴幼儿配方奶粉、米粉、谷物粉、罐装果泥、罐装肉泥、婴儿食用油等。**婴幼儿配方奶粉**易冲泡、易携带、易储藏。即使在突发情况发生时，也可以在短期内为婴幼儿提供充足的营养。老年人由于年龄增长会有牙齿松动、消化不良等问题，以及高血压、糖尿病等慢性疾病。针对老年人的这些特殊情况，应急储备食品须符合两方面要求：一方面，可以提供给老年人维持生命所需的必要能量；另一方面，符合老年人的特殊身体状况。例如：**易于消化的流食、糖醇食品**等。

家庭应急常备物品指南

糖醇蛋糕

🚚 储存要点

● 将食物分类储存，切勿混淆。这类物品放置于家中
阴凉干燥的地方即可。

● 婴儿食品由于添加剂和防腐剂较少，保质期相对较
短，要注意定期检查食品的保质期，并适时更换。

1.3 饮用水

主要包括

√ 袋装或瓶装饮用水（矿泉水）

原因

水是生命之源，是人们赖以生存的重要资源。在正常情况下，身体每天要通过皮肤、肺以及肾脏排出大量的水。因此，在遭遇灾害及其他突发情况时，必须要保证水的足量供给。家中常备饮用水的必要性不言而喻。

功能

袋装或瓶装饮用水的特点是易储存、方便携带、保质期长、干净卫生。储备足量的饮用水可以帮助人体维持正常的新陈代谢，维持人体正常的血液循环、呼吸、消化、吸收、分泌、排泄等生理活动。

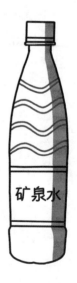

 储存要点

● 储备饮用水要放在全家人都知道的固定位置，且保证紧急情况下易拿到。

● 最好选择小瓶或者独立包装的袋装饮用水，分散保存。

● 建议按照每人每天4~5升，足够全家人饮用3天的标准储备饮用水。

● 定期检查保质期，及时更换临近保质期的储备饮用水。

● 避免阳光直射，无需冷藏，储存在阴凉处即可。

🍵 1.4 备用水

📋 主要包括

√ 自来水

ⓘ 原因

水的清洁功能对于我们来说十分重要。在发生自然灾害等特殊情况时，有可能会出现自来水断供，或者恢复供水后由于水压过小，水供不到居民楼高层的情况，导致家庭用水缺乏，无法维持日常生活。

💡 功能

储存的自来水一般用于洗菜、洗水果、洗手、洗澡、洗衣服等，也可以用来浇灌农作物和花草，还可以用来清洗伤口、冲马桶，保持居住环境和个人的卫生。

 **储存要点**

● 为了保证水质，避免细菌的滋生，自来水储存时间不宜过长，一般最长五天就须更换一次。

● 自来水适合存放在阴凉、干燥、通风的地方，注意加个盖子，防止空气中的灰尘、微生物等落入水中，造成污染。

2 个人用品

家庭应急常备物品指南

 # 2.1 洗漱用品

主要包括

√ 毛巾

√ 牙刷、牙膏

√ 洗发水、沐浴露

√ 剃须刀

原因

为应对灾害及紧急情况，在物品紧缺的状况下，储备适量的日常洗漱用品，能够保证基本的个人卫生，避免因卫生状况引发的身体不适，如腹泻、呕吐、皮肤问题等情况。

功能

　　毛巾主要用于擦干水分，
避免因体表附着水分而着凉
感冒。如遇家庭成员发烧时，
可使用湿毛巾进行物理降温。
牙刷、**牙膏**主要用于口腔清
洁，保持口腔卫生，避免因
口腔滋生的细菌发生腹痛、
腹泻、扁桃体发炎等情况。**洗发水**、**沐浴露**主要用于保持
毛发以及皮肤的清洁，防止滋生虱子、跳蚤。**剃须刀**主要
用于保持男性面部整洁，在特殊情况下，手动剃须刀的刀
片还可以用来切割物品。

储存要点

● 储备洗漱用品应储存于密封袋中，防止积灰尘。

● 定期对家中的毛巾进行消毒晾晒，防止细菌滋生。

● 牙刷、牙膏、洗发水、沐浴露等洗漱用品应保持产品包装密封完好，将其存放在避光处，并定期检查有效期，及时更换。

● 剃须刀应存放在儿童不易触碰到的地方，防止儿童误触对其造成伤害。

2.2 衣物

 **主要包括**

　√ 备用内衣、内裤

　√ 备用贴身保暖衣物

　√ 替换衣物、鞋子

原因

　　衣物在特殊时期除了能够保证个人卫生，还能在低温状况下防止人体失温。在发生火灾等极端情况下，我们可以将衣物捆绑在一起，将其作为逃生绳使用。当地面上异物较多时，鞋子可以保护脚部，避免脚部受到尖锐物体的伤害。

 功能

　　备用内衣、内裤有助于保持个人卫生，防止细菌感染。贴身保暖衣物可以在突然降温时，为我们保温、防寒，降低生病的概率。替换衣物、鞋子可以在自身衣物破损、被淋湿等情况下使用，避免潮湿衣物长时间穿在身上，可以保持人体体表干燥，防止感冒甚至失温等情况的发生。

🚚 储存要点

● 备用内衣、内裤以及备用的贴身保暖衣物一定要保证是干净的，避免其脏污或污染其他干净衣物。

● 浅色衣服与易掉色的衣服分开保存。

● 替换衣物需根据季节的变化进行调整，并放置在干净的衣柜中。

● 保持衣柜干燥，注意防虫，降低服装发脆、变色、破损等情况发生的概率。

● 鞋子在存放前应做好鞋内防霉、防潮处理。此外，鞋盒应放置在远离暖气和灯光的阴凉处，并确保不受挤压。

2.3 女性用品

主要包括

- √ 护肤品
- √ 卫生巾、卫生棉条
- √ 孕产妇用品
- √ 发圈、发箍

原因

储备适量的护肤品可以保证女性皮肤的健康，对其在心理上也是一种慰藉，可使其保持心情愉悦。由于女性特殊的生理结构，储备适量的卫生巾、卫生棉条等经期卫生用品是十分必要的。如果家中有孕产妇，则更需要根据所需为其准备孕妇装、防辐射服、吸奶器、哺乳内衣、防溢乳垫等物品，保障孕产妇的安全与健康。发圈、发箍可以固定较长的头发，防止因头发过长遮挡视线。

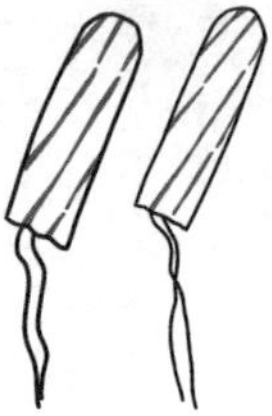

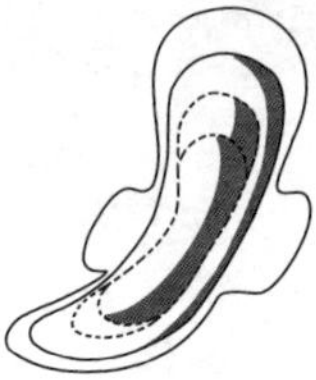

功能

护肤品能够帮助我们及时清洁、护理面部，保持个人卫生以及皮肤的健康。孕产妇用品保证孕产妇能够相对舒适地度过特殊时期，使其有好的心情以及好的生活环境。卫生巾、卫生棉条等卫生用品能够保障女性生理期的私处卫生，减少感染风险。卫生巾除了常规功能外，还可以用于引火，而且在遇有毒烟尘时可以将其打湿用来捂住口鼻，也可将其放置在鞋里吸湿防潮。此外，卫生巾还可以用来做触摸器材的护手材料，而且还有保暖功能。发圈及发箍则用以保证头发不散乱，不让乱发遮挡视线。在特殊情况下，也可以用来捆绑物品或者包扎伤口。

 储存要点

● 护肤品存放时应注意避免高温和阳光直射，需放在干燥、通风、避光的位置，同时温差不宜过大。

● 孕产妇用品较多且分类较为细致，应根据具体物品的说明书来确定保存的条件，应放置在容易拿到的地方。

● 女性卫生用品应存放在较干燥的地方，不宜一次性购买过多，注意检查保质期。

● 发圈及发箍体积较小，应存放在显眼的地方。注意需将其摆放在一起，避免在紧急情况下需要使用时找不到。

2.4 儿童用品

 主要包括

　√ 儿童图书

　√ 儿童玩具

　√ 奶瓶

　√ 纸尿裤

原因

　　在发生紧急情况时，为儿童准备图书和玩具可以帮助儿童分散注意力，避免儿童产生焦虑不安的情绪。对于年龄较小的儿童，奶瓶和纸尿裤是必备用品，奶瓶能够很好地安抚婴幼儿的紧张情绪。纸尿裤可以解决婴幼儿的日常排泄问题，保障其卫生与健康。

功能

　　在面对紧急情况时，儿童较之成人更容易紧张、焦躁。此时，我们可用储备的儿童图书或者儿童玩具，缓解孩子的紧张情绪。当家中有儿童时，为了更好地保证儿童的正常生活，奶瓶、纸尿裤需适当储备。

儿童图书

储存要点

- 儿童图书、儿童玩具应定期清洁消毒、及时收纳。

- 体积较小的玩具在儿童玩耍过后，应放置在其接触

不到的高处，防止儿童误食。

● 将儿童图书和玩具存放在远离火源的位置，并将其分类存放，方便快速而准确地拿取。

● 奶瓶存放前应进行高温消毒，晾干瓶中的水分，保持干燥状态，避免细菌滋生。

● 纸尿裤应收纳在干燥通风的地方。

2.5 通信用品

 主要包括

√ 手机

√ 充电宝

原因

　　紧急情况发生后，电力服务可能会中断。为保证人们能够获知最新相关情况，保证通信设备正常使用，必要时能够使用通信设备向他人发出求助信息，我们需保证手机及充电宝处于电量充足的状态。手机电池续航有可能不能完全满足人们的使用需求，此时准备好充电宝能够在一定程度上，减少因通信设备电力不足带来的困扰。

功能

手机能够保证人们在紧急情况下，及时获取外界信息，了解最新情况，同时还能在出现极端情况时，向外界求助。充电宝除了保障手机电量能随时处于充足状态外，还能为其他照明设备提供稳定电源。

储存要点

- 潮湿的空气容易损坏通信用品，手机、充电宝等应存放于干燥处，不要在潮湿的环境中暴露，避免高温，严禁靠近火源，以防引起爆炸，造成炸伤、烧伤等。

- 充电宝应保证其为充满电的状态，保证电量供应充足，并进行定期检查，看充电宝是否可以正常工作，如遇问题及时进行维修和更换。

主要包括

√ 卫生纸

√ 洗衣液

√ 消毒液、漂白剂

√ 驱蚊液、驱蚊贴

√ 老年人拐杖

√ 尿垫、尿壶

√ 净水剂

√ 水壶

√ 餐具

√ 帽子

√ 防割手套

ⓘ 原因

　　为了满足家庭成员的基础卫生要求，家中应常备足够的卫生纸以及洗衣液（液体）。在公共卫生事件爆发时，消毒液和漂白剂可以用于对衣物、家具、马桶等进行杀菌、消毒，保护家庭成员的健康。在水资源缺乏的情况下，需要储备适量的净水剂，用以保障生活用水的安全卫生。水壶、帽子、防割手套可以起到保暖、保温、防止受伤等作用，保障日常生活有序进行。驱蚊液及驱蚊贴可以避免家中蚊虫形成一定规模，有助于驱赶蚊虫，防止家人因蚊虫叮咬而患上疟疾等疾病。家中如有老人常年一起生活，应储备一定量的老年人用品，如老年人拐杖、尿垫、尿壶等，以保证老人的基本生活。

 功能

　　卫生纸日均消耗量较大，在极端情况下可以充当火引的作用。洗衣液主要是用来对衣服进行除污、杀菌、柔顺、去异味、抗静电。在一些特殊情况下，其可以起到润滑剂的作用。消毒液、漂白剂主要是对日常生活中的衣物等进行杀菌、消毒，防止细菌与病毒的滋生。在紧急情况下，其还可以对马桶、门把手、电梯按键等地方进行消毒。驱蚊液、驱蚊贴主要是用于驱蚊，防止被叮咬。特别是家中有小孩的，在环境潮湿、蚊虫猖狂的夏季，应储备适量的驱蚊物品，防止小孩被叮咬后引起身体不适，甚至感染疾病。老年人拐杖可以辅助老年人行走，避免逃生过程中，老年人出现摔倒或行动缓慢等情况。尿垫、尿壶主要用于保障个人卫生，可以让行动不便的老人、孕妇、儿童

29

方便如厕。净水剂可以对池塘、景观池等露天条件下不卫生的水进行处理，以保障用水安全。水壶主要的功能是保温，保障人们有热水可用。餐具的主要功能是盛饭、储存食物，家中有儿童时，应储备相应的儿童餐盘、喂食勺等。帽子能够维持人体头部以及面部的温度，在特殊情况下，可以存放物品。防割手套具有很强的防割性能和耐磨性能，在抢险救灾、食肉分割、使用利器等情况下，可以有效地保护手不被划伤、割伤，其优质的防滑性能可以确保在抓取物件时不会掉落。

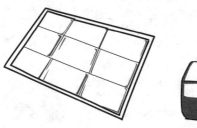 

储存要点

● 卫生纸应被存放于通风干燥处，避免被家中水汽侵扰。在存放时，为了节省空间，卷筒纸可以将纸筒抽出

● 洗衣液、消毒液、漂白剂、净水剂等用品，应储存于阴凉、通风的位置，远离火源、热源，还应与酸类物品分开存放，切忌混储。避免阳光直射，防止其失去有效活性成分或产生有毒气体。

● 驱蚊液及防蚊贴也应存放于家中阴凉干燥处，家中有儿童的情况下，避免将驱蚊贴或驱蚊液等物品放在儿童易接触的位置，防止儿童误食。

● 老人拐杖应放置在老人易于拿到的地方。

● 水壶、餐具等日常用品则应单独存放在干燥区域，避免餐具生锈、发霉。

● 防割手套在存放时避免与钢丝球以及尖锐物品放在一起，并定期检查其是否有破漏处。

3　常备药品

3.1 常用药品

 **主要包括**

√ 消炎药

√ 止痛药

√ 退烧药

√ 止泻药

√ 感冒药

√ 止咳化痰药

原因

在日常生活中，我们难免会遇到轻微的感冒、发烧、发炎等状况，家中应常备一些日常药品，如退烧药、止痛药以及可以治疗其他轻微疾病的药物。在紧急情况发生时，这些药品将起到十分重要的作用。在公共卫生事件爆发时，部分社区会采取封闭管理，药店买药也会有限制，居民不便于购买所需药品。因此，因地制宜地储备适量处于保质期内的常用药品十分重要。

 功能

常用药品的主要作用是应对轻症。在面临突发状况时，我们可以根据药品说明书了解基本的药理，根据症状合理用药。发烧时，我们可以用退烧药和消炎药，它们不仅能降体温、退热，还有镇痛及消炎的作用。止痛药主要是属于非甾体类的抗炎药，同时兼具消炎和止痛两方面的作用。这类药物主要有阿司匹林、布洛芬、对乙酰氨基酚、吲哚美辛、双氯芬酸钠、尼美舒利。这些药物都具有消炎、止痛等功效。在临床上，此类药品常被用于治疗各类炎症和由于发炎引起的疼痛等病症。止泻药通过减少肠道蠕动或保护肠道免受刺激而起到止泻的作用。此类药品适用于剧烈腹泻或长期慢性腹泻。以此方法可防止机体过度脱水，水盐代谢失调，消化及营养障碍。止咳化痰药主要适用于应对干咳、咽干、喉痛的状况，具有养阴润肺、化痰止咳的功效。

储存要点

　　常用药品很容易因受到环境的影响而发生物理、化学变化。引起这些变化的因素包括光线、湿度和温度等。

　　● 药品保存的首要原则就是密封。在服用完药品后应尽快密封，以免空气中的氧分子与药品发生氧化反应，从而引起药品变质。

● 储存药品时要注意避光。一些药品见光后会变色，导致药效降低，甚至产生有毒的物质。

● 存放药物时要注意防潮，最好将其放在家中阴凉、干燥的地方。因为有些药品极易吸收空气中的水分，受潮后水解、变质，从而失去药效。

● 存放药品时应将中药和西药分开，外用药和内服药分开。因为各种药品如果混放在一起，不但容易相互污染，影响药品质量，还容易发生因拿错药而误服的现象。

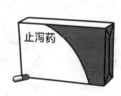

3.2 特殊药品

 **特殊药品主要应对的病症包括**

√ 心脏病

√ 高血压

√ 糖尿病

√ 精神类疾病

原因

对于生理机能减退、抗病能力弱的病人来说，稍不留意便会旧病复发或患上新病，威胁身体健康甚至生命安全。心脑血管疾病、糖尿病、高血压是中老年人的常见病症，患者需要长期服药。随着年龄的增长，这些疾病的发病率逐年上升。因此，家中要常备此类药品。患有幻想症、抑郁症等精神类疾病的病人，需要依靠服用抗精神病类的药物来平缓情绪。因此，家中如果有此类病人，一定要常备这一类药品。

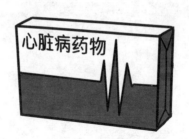

功能

心脏病患者可服用他汀类的药品，因为这类药品可以帮助患者降血脂，并具有稳定斑块的作用，使患者避免血管被脱落的斑块堵塞。如果是在急性期，一般可以含服速效救心丸，或者是硝酸甘油进行治疗，也可以口服一些单硝酸异山梨酯缓释片或是麝香保心丸等进行紧急治疗。高血压属于慢性病，大部分患者需要长期服用治疗高血压的药品，控制血压，降低心脑血管疾病发生的概率，从而有效地降低死亡风险。治疗糖尿病类的药品具有降血糖的作用，可以有效预防血糖升高，患者最好每天坚持服用，尽量避免私自停药。抗精神病类药品又称强安定药或神经阻滞剂，是一种用于治疗精神分裂症及其他精神类疾病的药物。它能有效地控制患者的精神运动，缓解兴奋、幻觉、妄想、敌对情绪、思维障碍等精神症状。

 储存要点

● 紧急用药和长期用药应分开存放，防止因混淆而误服。冠心病患者可将紧急用药放于易找到的地方，在急性发作期快速服用，缓解症状。

● 慢性治疗药品，如中成药，开封后需要放置在密封、干燥的地方，同时根据医嘱按疗程服用完。一旦发现中成药外观性状发生改变，即使在有效期内也要立刻停止服用。药品包装不要轻易丢弃，应同药品一起保存。药品外包装一般印有生产日期、有效期等重要信息。当外包装丢失，内部包装上也无药品相关信息时，我们很难判断药品是否在有效期内。另外，目前市面上很多中成药内部都是铝箔包装，失去了外包装的"保护"，一旦破损，药片暴露在空气中极易受潮。

● 存药牢记六字：阴凉、干燥、避光，家庭存药地点首选在卧室和客厅。

4　医疗急救用品

 4.1 消炎用品

主要包括

√ 碘伏棉棒

√ 医用酒精棉片

√ 创可贴

√ 抗真菌或细菌感染的抗菌药（如抗生素软膏）

√ 消炎药

原因

在遭遇灾害或紧急情况时，受伤可能会引起发炎，同样，由感冒而引起的上呼吸道感染也会诱发炎症。遇到以上情况如果不及时消炎，会对身体造成伤害。消炎药品，可以通过其含有的抑制炎症因子，使炎症得以减轻甚至消退，同时也可缓解炎症引起的疼痛。发炎初期的有效处置，有助于后续的进一步治疗。如果家庭成员不能够及时就医，家庭常备的医疗急救消炎用品就显得至关重要，不仅可以自救，也可以救助他人。

💡 功能

外用消炎药品可以帮助人体应对体表的真菌、细菌感染等问题，内服的消炎药品可以控制人体内细菌生长、繁殖，甚至杀灭细菌，使体内炎症获得好转。碘伏棉棒对皮肤刺激性小、毒性低、作用持久，所以其使用安全、简便，对皮肤组织基本无刺激性，经常被用于皮肤及粘膜消毒，如伤口消毒等。其对多种细菌（如芽孢）、病毒、真菌等有杀灭作用。但要注意，碘伏棉棒仅可外用。医用酒精棉片对皮肤的刺激性较大，对于体表伤口消毒、杀菌等具有较好的作用。如果是小创口、擦伤等患处的外敷、护创，可以使用创可贴，创可贴适用于较为表浅、不需要缝合、出血不多的小伤口，可有效缓解出血并防止伤口感染。抗真菌或细菌感染的抗菌药（如抗生素软膏）主要用于治疗在没有明显创伤伤口的情况下，各种致病微生物引起的皮肤感染。消炎药主要针对因常规简单处理不能有效消炎，或者由特殊的细菌或真菌感染而引起的发炎的情况。通过口服或者注射等方式，结合体外消炎等基础措施，达到抗菌消炎的效果。

储存要点

● 消炎药物最好分别装入棕色瓶内保存。因为消炎药物常因光、水分、空气、酸度、碱度、温度等外界条件影响而变质、失效。我们需要将瓶盖拧紧，并将其放置于避光、干燥、阴凉处，以防变质、失效。

● 创可贴等外用消炎用品，则要求包装完整地存放于干燥、通风、干净的地方，在有效期内按要求使用即可。我们要在药品包装上注明有效期与失效期等信息，过了有效期便不能再使用，否则会影响疗效，甚至会产生不良后果。

● 散装药应按类分开，并贴上醒目的标签，写明存放日期、药物名称、用法、用量、失效期，应定期对备用药品进行检查，如有过期及时更换。此外，内服药与外用药应分别放置，以免忙中取错。

● 药品应放在安全的地方，防止儿童误用、误服。

4.2 包扎用品

 主要包括

√ 止血药

√ 医用纱布

√ 医用弹性绷带

√ 止血带、压脉带

√ 碘伏

√ 医用胶带

ℹ️ 原因

受伤出血时，需要对伤口创面进行及时止血和包扎，防止伤口感染恶化，减轻伤患的痛苦。磕碰受伤是很常见的现象，如做饭不小心切到手、意外摔伤擦伤、灾害发生

时被重物砸伤等。当受伤伤口比较深时，如果不及时进行
包扎，轻则会影响伤口愈合，严重者还可能造成伤口感染。

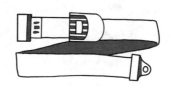

 功能

包扎的目的主要是对伤口创面进行保护，避免感染，
减轻伤者痛苦。利用止血带、压脉带、医用纱布等用品进
行加压包扎是较为快速及方便的止血方法。其可以通过压
迫减少出血量，等待人体生理性凝血完成。遇特殊情况需
临时进行创伤包扎时可就地取材，如使用毛巾、手帕、衣
服等。一般在处理烧伤、烫伤等各种伤口时，可先用碘伏
消毒。碘伏不会促进伤口愈合，但可以预防感染、消毒杀
菌。如果伤口创面不大的话，用碘伏消毒杀菌，但如果伤
口创面过大，建议自行包扎后尽快到正规的医院进行治
疗。由于医用纱布有良好的吸湿、吸血的特性，也可用其
来清洁表皮伤口。经过严格的医学标准检测，医用纱布不
会造成伤口感染和发炎。当受伤出血时，如不及时有效止
血，可致使血液耗损、机体衰弱，甚至危及生命。我们可

以配合使用止血药制止体内外出血。除了止血药外，如果是骨伤科患者，用医用弹性绷带来固定、包扎的效果会更好，可以减少继发损伤，也便于运送就医。当情况比较严重时，如四肢大出血等，可用止血带止血。其可通过压迫血管阻断血流来达到止血目的。但需要注意，如止血带使用不当或使用时间过长，可能造成远端肢体缺血、坏死。因此，只有在出血猛烈，用其他方法不能止血时才应用止血带。当经初步处理后的伤口需要固定时，可用医用胶带，医用胶带透气性、黏性、舒适性都比较好，但要注意使用时间不能太长。

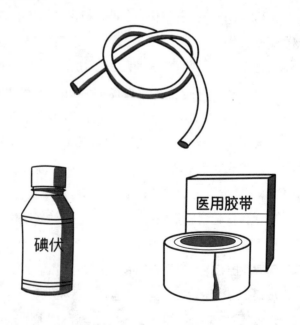

 储存要点

● 一般包扎用品，如止血带、压脉带、医用纱布、医用弹性绷带和医用胶带等，存放时要注意卫生条件，可一同放在家庭医疗箱里，并置于干燥、干净的环境中，在保质期内正常使用即可。

● 有些消毒效果比较好的医用纱布在打开几个小时后可能就会被微生物感染，在使用时要注意。

● 碘伏属于外用药物，应将其放置于阴凉、干燥处，使用过后需要立即封闭保存，不要长时间暴露在空气中。当碘伏的颜色变淡时，说明已经失效，不能再继续使用了。

4.3 其他医疗急救用品

 主要包括

√ 剪刀

√ 镊子

√ 棉球

√ 医用一次性口罩

√ 医用橡胶手套

√ 体温计

√ 血压计

原因

  日常发烧感冒时，需要用到体温计来测量体温，从而判断患者是否需要就医。磕碰出血时也需要一些医疗急救用品，先做简单的消毒处理。情况严重时，院前医疗急救直接关系到伤患的生命安全。医学专家们认为，在发生意外的前4分钟内，患者如果能够得到正确、及时的简单的急救，对于挽救其生命，减轻后遗症会起到十分积极的作用。当意外伤害发生时，第一时间实施应急救护的主体往往不是医护人员，而是伤病员自己、家属或是现场目击者。

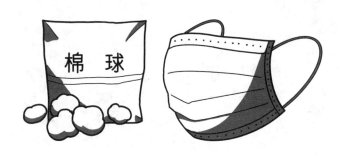

功能

医疗急救用品可以在意外或紧急情况发生时，通过自身或者在其他人的帮助下实现院前医疗急救的目的。剪刀可用来剪开胶布或绷带，方便包扎和止血等操作。必要时，可用剪刀剪开衣服避免二次伤害。镊子可代替双手持敷料，或者钳去伤口上的污物等。在受伤时，我们可以先用镊子和棉球清洗面积小的伤口，也可用棉球给剪刀、钳子等医疗用具消毒，再做进一步的处置。医用一次性口罩不仅可以防止患者伤口被施救者感染，也可以避免施救者被感染。

51

特别是在疫情反复的大背景下，口罩成为人们工作、生活中的重要物品。在检查过程中，医用橡胶手套主要是医护人员戴在手部，用于防止施救者与患者之间的交叉感染。体温计可用来测量体温，从而初步判断病患的身体情况。血压计是家庭保健的一个重要工具，可以让我们随时了解自己的血压、心率情况，对高血压患者来说，血压计是家庭必备用品之一。

储存要点

● 医用一次性口罩储存于洁净、干燥、通风的环境中，放置在干净的袋子或者医疗箱内，避免受到污染，影响其正常使用。

● 剪刀、镊子无使用期限，要放在急救箱内，不可随处乱放，避免不小心伤到人。

● 水银体温计中有水银，一旦破碎可能会对人体造成伤害，因此存放时一定要注意，应谨防碰撞。体温计应先浸泡于消毒容器中消毒，再存放于专用器皿中，并垫上纱布，避免过冷或过热。

　● 电子血压计，如短期内不使用，则需要拔下测量气管，并用塑料袋密封保存，定期对其进行检查，如有需要及时更换电池。

5　逃生救助工具

 5.1 逃生工具

主要包括

√ 应急逃生绳

√ 救生衣

原因

逃生工具可以在居家或外出遇到紧急情况时帮助人们逃生。在地震、火灾、洪水等突发状况下，由于时间和空间的局限性，救护人员往往不能及时赶到现场，紧急通道也不能够完全保证人员安全逃生。因此，我们需要借助这些工具果断、正确地进行自护自救。

功能

应急逃生绳主要用于高层，在发生火灾时由于电梯损坏、楼梯无法及时逃离，甚至消防云梯也无法到达时使用，因应急逃生绳具有便于攀爬的功能，可以作为逃生应急备用工具储备。逃生的流程大致分为：捆绑、固定、速降求生。把应急逃生绳的一端紧拴在牢固的门窗或者家具上，将绳索系于腰间，再顺着绳索滑下，是使用应急逃生绳的正确步骤。如果有条件的话，家庭成员可以购置缓降器、逃生软梯等工具。救生衣可以提供足够的浮力，使人的头部露出水面，极大降低溺水的概率，还可以帮助人们节省更多体力。救生衣标志性的颜色以及上面的反光条，使受困人员容易被发现。除此之外，救生衣在水中具有保暖的作用，可以减少人体热量的流失，在家中以及车中都可以常备。

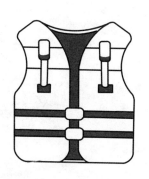

储存要点

● 应急逃生绳要放在阴凉、干燥、易取的地方，防止因霉变导致绳索牢固度下降。注意避免其与尖锐、锋利的物品接触，远离酸碱性过高的物质，使用并清洗后，要注意及时晾干或阴干，不能在阳光下长时间曝晒。我们要定期检查逃生绳的承受力，对于磨损较严重、承受力明显下降的救生绳要及时更换。

● 家庭救生衣要放在易于取用的地方，不能锁在橱子里，以免紧急情况下不能及时取出。同时，不能将其存放在潮湿、有油垢或温度过高的地方。

● 有儿童的家庭，应分别储备成人、儿童专用的救生衣，并做上明显的记号予以区分。

● 日常生活中，我们不要随意将救生衣作为坐垫使用，防止其受压后浮力减小。

5.2 救助工具

 主要包括

- √ 求救哨子
- √ 手摇收音机
- √ 反光衣
- √ GPS定位器、指南针
- √ 手摇手电
- √ 多功能雨衣
- √ 打火机、防水防风火柴、蜡烛
- √ 多功能小刀
- √ 呼吸面罩
- √ 灭火器、防火毯
- √ 应急毛毯

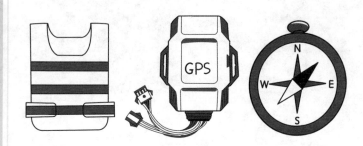

ⓘ 原因

　　危急情况发生时，在自救成功、逃离危险地带后，可能会因情况混乱导致自己到了一个完全陌生的地方，或者到了一个人烟稀少的地方，也可能因夜晚、不良天气等致使救援人员无法识别受困人员的位置。在这些情况下，我们不能被动地等待救援，而应借助一些救助工具，为自己创造有利条件，使自己尽快脱离险境。合理使用救助工具（可以用作呼救、防雨、生火、保暖、照明等），可以帮助受困者更好地适应各种环境，提高受困者应对危险和紧急情况的能力。

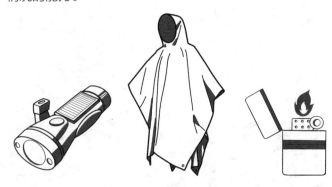

 功能

　　求救哨子能发出3000Hz的高频哨音，这个频率的声音是人们在嘈杂的环境中最容易接收到的，因此更容易引起救援人员的注意。除此之外，求救哨子大多由苯乙烯－丙烯腈共聚物（SAN材料）制成，有良好的耐油性、耐热性和耐腐蚀性。手摇收音机的原理是将机械能转化为化学能，这意味着即使没有电源，我们通过摇动手柄也可以完成对收音机的充电，这样就可以保证在危急情况下，我们能通过手摇收音机了解外界的情况，并做出判断。反光衣能在有光线的情况下形成强烈的反射，具有良好的逆反射光学性能，让我们无论是在远处还是近处、白天还是黑夜，都更容易被人发现。GPS定位器、指南针可以帮助逃生人员在陌生环境下迅速判断方向及所处位置，定位器还可以发射信号，使救援人员快速、准确地找到被困人员。手摇手电与手摇收音机原理相同，都能在没有电源的情况下通过摇动手柄达到充电的目的，从而为我们提供高强度、稳定的光束，还可以被当作信号灯使用。多功能雨衣因其采用高密度材料制成，具有轻便易携带、防水遮雨的特点，因此用途比较广泛，除了可以在雨天阻挡雨水外，还可以用来收集雨水、制成简易帐篷、充当简易气囊等。打火机、防水防风火柴、蜡烛可以提供火种，从而帮助我们实现照明、取暖、烹饪、传递信号等目的。多功能小刀是一些常用工具的组合，如开瓶器、拔木塞钻、锥、螺丝刀、剪刀、刻度尺等，可以料理食物、救援、修理装备，满足人们在不同场景下的需求。呼吸面罩可供人们在处于有毒气体或浓烟的环境中使用，可以一定程度地过滤一些有毒、有害物质，最大限度地保证人们吸入空气的安全、洁净。灭火器、防火毯、应急毛毯一般用于应对火灾。灭火器可以用来快速灭火，最大程度地保证人身和财产安全。防火毯、应急毛毯具有难燃、遇火不延燃、耐腐蚀、抗虫蛀等优点，可有效减少火灾隐患，增加人员逃生机会，减少伤亡。

储存要点

● 救助工具与逃生工具类似，都要存放在便于拿取的地方，不能锁在柜子中。我们要将其放在干燥、通风处，远离酸碱度高的物品，且要远离火种。

● 手摇收音机要定期转一转手柄，防止内置电池失效。

● 多功能小刀存放时要定期擦一些润滑油防止生锈。

6　重要文件资料

 6.1 家庭成员信息资料

 主要包括

√ 身份证

√ 户口簿

√ 驾驶证

√ 出生医学证明

√ 结婚证

√ 社保卡（医保卡）

（i）原因

　　在日常生活中，身份证作为出门必备的证件，如保管不当、丢失、被盗用会给我们带来巨大的隐患。身份的相关证明证件，包含个人的重要信息，信息被泄露或丢失、盗用会给不法分子以可乘之机，可能会造成我们的财产、

名誉等损失。特别是在遇到紧急情况时，证明个人信息资料的证件可以有效地表明本人的真实身份。因此，妥善保管此类文件资料，尤为重要。

功能

身份证是日常使用的证件，它应用于选民登记、入学、就业、婚姻登记、收养登记等各类事项，涉及政治、经济、生活等多个方面。在逃生途中或者紧急情况结束后，一些检查站可能会查验身份证明或者其他文件。户口簿在办理婚姻登记手续，购房或卖房，证明亲属关系，办理继承、赠予，怀孕建档，办理出生医学证明，落户，入托，上学等事项时都是必备证件。驾驶证的主要功能是表明持有者可以开车，除此之外，在特定情况下还可以代替一些身份证的功能（如需要购买火车票又不能够提供身份证时）。出生医学证明是证明婴儿出生状态、血亲关系，申报国籍、户籍，取得居民身份号码的法定医学证明，特别是在儿童丢失等紧急情况下，出生医学证明是证明亲子关系的重要证件。结婚证对于办理生育证、贷款买房、出境旅游、留学移民、房产过户、财产继承、财产分割等事项都有用，可以用来证明婚姻关系是有效成立的。社保卡（医保卡）可以查询本人养老、失业、医疗、工伤和生育保险缴纳情况，还可以查询养老保险、医疗保险等累计金额，持有医保卡就医，可以通过医疗保险结算。

🚚 储存要点

● 身份证、户口簿、驾驶证、出生医学证明、结婚证等证件，以及社保卡（医保卡）等医疗健康类证件，应分开存放，以免混淆。

● 可借助专业工具（如风琴夹、抽屉收纳盒、纯色文件袋、直立文件盒等）收纳，一目了然，随时拿取。

● 家庭文件不要求放在专用的文件箱（柜），甚至专用的库房中，最实用的保管方式是将家庭文件按类别摆放在避免阳光直射的书柜中，注意远离火源、防潮。

● 身份证、驾驶证之类的证件，因需要经常使用，故应随身携带或者放在易拿取的地方。

6.2 其他文件资料

 主要包括

- √ 记事本
- √ 笔
- √ 家庭紧急联系表

原因

记事本和笔作为记录工具，用于记录生活中重要的事情。在遇停电等紧急情况时，记事本和笔可以作为记录工具，也可以作为应急求助、传递信息的工具。家庭紧急联系表，可以让我们或救援人员在紧急情况下，快速找到联系人，并获取相关人员的具体信息，快速施救。

功能

记事本和笔可以帮助我们记下有用、有效的东西，特别是我们可以用其对紧要的任务进行列项。在遇到紧急情况或者特殊情况时，它们可以帮助人们厘清思路，稳定情绪。当手机等电子物品被占用或者没电时，我们可以使用笔来记录或传递相关信息。家庭紧急联系表包含家庭住址、家属联系方式、应急部门联系电话、紧急联络人联系方式等重要信息。在需要外人帮助时，通过查阅紧急联系表上的信息，有助于让我们和救援人员迅速联系到相关联络人，及时获得有效的帮助和救治。

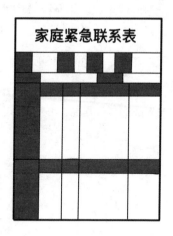

储存要点

● 记事本作为日常记录的工具，应被放在容易拿取的地方。我们可将其放在家里的开放书架中。

● 应将笔放在身边较容易拿到的地方，并定期检查其书写功能是否正常，如无法正常书写及时更换即可。对于铅笔、毛笔等，我们可以将其放在干燥通风的环境中，并配备一些干燥剂，防止受潮影响其功能，同时放一点樟脑丸，防蛀。

● 家庭紧急联系表作为重要文件资料，一定要放在全家人都知道，且容易获取的地方，注意防水、防尘、防霉、防虫、防晒，妥善保管。

7 财务资料

 **财务资料**

主要包括

√ 适量现金（300元~500元，小面额为主）

√ 银行卡、存折

√ 房产证

√ 股权证书、债券

√ 保险单

原因

在遇到突发情况时，会因手机不在身边，或者手机已损坏、没电等，无法实现支付功能。此时，家中储备适量的现金就显得十分重要了。除了现金之外，银行卡、存折、房产证、股权证书、债券、保险单等也是非常重要的财产。因此，我们要妥善保存这些重要的财务资料。

功能

现金的重要性不言而喻，银行取款机有时可能无法正常运作，手机等移动支付方式也有可能失灵。因此，准备适量的小额现金十分重要。另外，当遇突发事件时，可以凭借现金购买到所需的物品，最大程度减少突发事件对正常生活的影响。由于现金会占据一定的空间，不适合在家里大量储存，在没有现金或者突发情况结束后，可以使用**银行卡、存折**随时取钱，保证人们的购买需求。**房产证**是房屋的权属证明，是房产的“身份证”，上面登记了房屋产权人、产权证号、房产地址、建筑面积等重要信息，是房屋买卖、租赁和抵押的重要文件。**股权证书、债券**是家庭投资的重要组成部分，妥善保管这些票证能保证大额款项的安全，在急需大额资金的情况下，可以变现应急。**保险单**上往往有个人投保信息，在意外来临之时，若家庭成员不幸受到了伤害，可以凭借保险单去保险公司获得赔付。虽然保险公司会保存投保人信息，但是使用保险单可以省去许多不必要的麻烦。

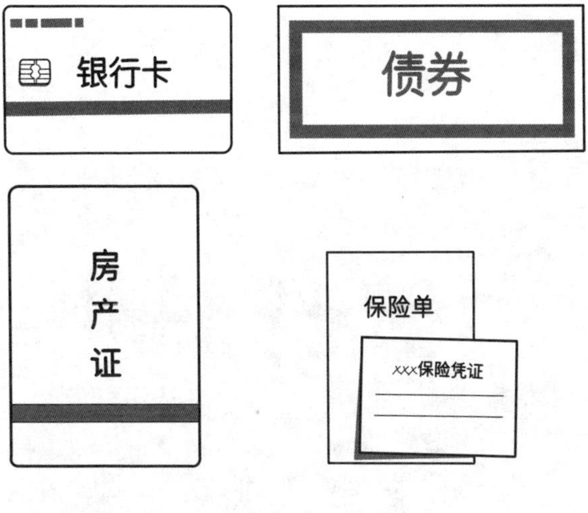

 储存要点

● 小面额现金可以放在易存取的地方。

● 财务资料一般都是纸质的，因此不能置于潮湿处，以免发生霉变。可以在外面加一个防尘防潮袋，加强对其的保护。为了安全起见，要将这些财务资料置于较隐蔽的地方，如将其放置于保险箱、保险柜中。

8 车内应急常备物品

家
庭
应
急
常
备
物
品
指
南

 车内应急常备物品

 主要包括

√ 车载灭火器

√ 反光衣

√ 反光贴

√ 多功能工具箱

√ 搭火线

√ 车载安全锤

√ 撬棍

ⓘ 原因

　　汽车作为人们日常生活中常用的交通工具，也有发生意外的可能，比如：因为高温引发汽车自燃，个人操作不当导致汽车出现故障，或是在遭遇极端自然灾害时人员无法及时逃生。为了避免此类情况的发生，我们可以在汽车内常备一些应急物品，在遇到紧急情况时，确保人身安全，减少财产损失，同时也能为救援人员的后续处置做好准备。

功能

车载灭火器可以用于火灾的初期控制。反光衣颜色醒目，可以让救援人员及时发现被困人员，并且避免来往车辆对被困人员造成二次伤害。反光贴在被光线照射时有明显的反光效果，可以起到安全警示的作用。在汽车出现一些小故障时，人们可以利用多功能工具箱中的工具对汽车进行简单维修，恢复汽车的基本功能。当汽车电瓶没电时，人们可以借助搭火线和其他车辆的电瓶，为自己的车重新提供电能，帮助汽车点火、发动。车载安全锤体积较小，在发生紧急情况时，人们可以用其敲击车窗玻璃的角落，砸碎玻璃逃生。撬棍一般由不锈钢等材质制作而成，质地较为坚硬，可以用其撬起重物、移开障碍物。

储存要点

- 及时检查应急工具的有效期，特别是灭火器，注意

及时更换。

- 车内常备的应急物品必须从正规渠道购买。
- 保持车内空气干燥，避免长时间高温烘烤。
- 与车内其他物品分开放置，避免与食品直接接触。

附录：家庭应急常备物品总目录

物品大类	序号	物品小类名称	物品名称
食品和水	1	食品类	米、面
			压缩饼干
			方便面
			巧克力
			罐头
	2	特殊人群食品	婴儿奶粉
			儿童特殊食品
			老年人特殊食品
	3	饮用水	袋装或瓶装饮用水（矿泉水）
	4	备用水	自来水
个人用品	5	洗漱用品	毛巾
			牙刷、牙膏
			洗发水、沐浴露
			剃须刀
	6	衣物	备用内衣、内裤
			备用贴身保暖衣物
			可替换衣物、鞋子
			护肤品
	7	女性用品	卫生巾、卫生棉条
			孕产妇用品

物品大类	序号	物品小类名称	物品名称
	7	女性用品	发圈、发箍
	8	儿童用品	儿童图书
			儿童玩具
			奶瓶
			纸尿裤
	9	通信用品	手机
			充电宝
个人用品			卫生纸
			洗衣液
			消毒液、漂白剂
			驱蚊液、驱蚊贴
	10	其他个人用品	老年人拐杖
			尿垫、尿壶
			净水剂
			水壶
			餐具
			帽子
			防割手套
			消炎药
常备药品	11	常用药品	止痛药
			退烧药
			止泻药

物品大类	序号	物品小类名称	物品名称
常备药品	11	常用药品	感冒药
			止咳化痰药
	12	特殊药品	针对心脏病的药
			针对高血压的药
			针对糖尿病的药
			针对精神类疾病的药
医疗急救用品	13	消炎用品	碘伏棉棒
			医用酒精棉片
			创可贴
			抗真菌或细菌感染的抗菌药（如抗生素软膏）
			消炎药
	14	包扎用品	止血药
			医用纱布
			医用弹性绷带
			止血带、压脉带
			碘伏
			医用胶带
	15	其他医疗急救用品	剪刀
			镊子
			棉球
			医用一次性口罩

物品大类	序号	物品小类名称	物品名称
医疗急救用品	15	其他医疗急救用品	医用橡胶手套
			体温计
			血压计
逃生救助工具	16	逃生工具	应急逃生绳
			救生衣
			求救哨子
			手摇收音机
			反光衣
			GPS 定位器、指南针
			手摇手电
	17	救助工具	多功能雨衣
			打火机、防水防风火柴、蜡烛
			多功能小刀
			呼吸面罩
			灭火器、防火毯
			应急毛毯
重要文件资料	18	家庭成员信息资料	身份证
			户口簿
			驾驶证
			出生医学证明
			结婚证
			社保卡（医保卡）

物品大类	序号	物品小类名称	物品名称
重要文件资料	19	其他文件资料	记事本
			笔
			家庭紧急联系表
财务资料	20	财务资料	适量现金（300元～500元，小面额为主）
			银行卡、存折
			房产证
			股权证书、债券
			保险单
车内应急常备物品	21	车内应急常备物品	车载灭火器
			反光衣
			反光贴
			多功能工具箱
			搭火线
			车载安全锤
			撬棍